走进草原

草原知识百问

国家林业和草原局草原管理司 ◎ 编

中国林业出版社
China Forestry Publishing House

图书在版编目（CIP）数据

走进草原：草原知识百问 / 国家林业和草原局草原管理司编 .
-- 北京：中国林业出版社，2022.6（2023.3 重印）
ISBN 978-7-5219-1701-7

I. ①走… II. ①国… III. ①草原－问题解答 IV. ① P941.75-44

中国版本图书馆 CIP 数据核字 (2022) 第 087633 号

责任编辑　于界芬　于晓文　徐梦欣　　**电话**　（010）83143542
封面摄影　房志国

出版发行　中国林业出版社有限公司
　　　　　　（100009 北京西城区德内大街刘海胡同 7 号）
网　　址　http://www.forestry.gov.cn/lycb.html
印　　刷　北京雅昌艺术印刷有限公司
版　　次　2022 年 6 月第 1 版
印　　次　2023 年 3 月第 2 次印刷
开　　本　787mm × 1092mm　1/32
印　　张　4.25
字　　数　110 千字
定　　价　48.00 元

走进草原——草原知识百问

编委会

主　　编　唐芳林

副 主 编　刘加文　宋中山　李拥军　董世魁

主要编写人员（按姓氏笔画排序）

王卓然　王冠聪　刘加文　孙　暖

李拥军　杨　智　宋中山　赵金龙

唐芳林　董世魁　韩丰泽　程　航

颜国强

参编人员（按姓氏笔画排序）

王　飞　王　凯　包晓影　朱潇逸

李志强　李振华　李晓毓　李清顺

杨　季　金　帅　周建伟　赵玉荣

赵东方　赵　欢　赵海红　郝　明

高韶勃　郭　旭　朝　博

摄　　影　唐芳林　赵金龙　刘永杰　白史且

运向军　刘公社　杨秀春　平晓燕

赵　忠　徐树春　尹　俊　颜国强

前　言

　　草原是我国面积最大的陆地生态系统和十分重要的自然资源，在维护国家生态安全、边疆稳定、民族团结和促进经济社会可持续发展、农牧民增收等方面具有基础性、战略性作用。

　　党的十八大以来，以习近平同志为核心的党中央高度重视草原工作，做出一系列决策部署，全面加强草原保护修复，推动草原事业发展取得新成效。草原管理机构得到加强，保护修复制度体系基本建立，草原生态保护修复工程取得积极进展，草原资源科学利用水平稳步提高，草原保护修复科技支撑能力不断增强，草原生态总体状况持续向好，生态服务功能显著提高。

林草兴，则生态兴；生态兴，则文明兴。草原在生态文明建设中具有不可替代的重要地位。为加深对草原的认识和了解，本书梳理了104个草原知识问答，涵盖了草原基本概念概况、草原调查监测、草原保护和修复、草业发展、草原管理和科研、草原政策法规、草原发展思路等方面内容。编写人员主要是长期从事草原行政管理的人员，书中既有草原事业发展进程中的成果积累，也有工作经验总结和创新思考，具有较强的知识性和较高的参考价值，可供草业、林业、生态环境等领域的科研、管理人员和广大师生参阅。

由于时间和水平有限，不当之处敬请读者批评指正。

编　者

2022年6月

目 录

─────────── **草原资源保护管理** ───────────

草原生态修复

草业发展

草原管理和科研

草原政策法规

推进山水林田湖草沙系统治理

走进草原——草原知识百问

01

基本
概念和概况

1 什么是草原?

《中华人民共和国草原法》(以下简称《草原法》)规定,草原是指天然草原和人工草地。天然草原包括草地、草山和草坡;人工草地包括改良草地和退耕还草地。

从生态学角度,草原是生长草本植物为主或兼有灌木或稀疏乔木,包括林间草地及栽培草地的多功能土地—生物资源,是陆地生态系统的重要组成部分,具有生态服务、生产建设、文化承载等功能。英译为 rangeland, 与草地(grassland)同义,但后者内涵更广。

从植被学角度,草原是以旱生多年生草本(有时为旱生小半灌木)组成的植物群落,与森林(forest)、荒漠(desert)、沼泽(marsh)等并列,使用范围较窄,仅指半湿润半干旱区的地

乌拉盖草原

带性植被，如欧亚大草原或典型草原（Steppe）、北美普列里草原（Prairie）、非洲南部维尔德草原（Veld）、东部非洲和澳大利亚的萨王纳草原（Savanna）等。

从农学角度，草原主要生长草本植物，或兼有灌木和稀疏乔木，可以为家畜和野生动物提供食物和生活场所，并可为人类提供优良生活环境及牧草和其他许多生物产品，是多功能的土地—生物资源和草业生产基地。英译为 rangeland, range, pastureland, pasture, 与草地同义，但后者更加强调人为干预。

2 什么是草地？

草地指生长草本植物的土地，是一种地类。草原和草地有时相通，但二者也有区别。草原是以草本植物为主的生态系统的总称，草原包括草地，同时具有生态系统和自然资源内涵，有时泛指大面积和大范围的天然草地。行政管理上，除非特指地类，多使用草原，包括了草地。

天然牧草地

《土地利用现状分类》（GB/T 21010—2017）规定，草地是生长草本植物为主的土地。包括天然牧草地、沼泽草地、人工牧草地和其他草地。

《国土空间调查、规划、用途管制用地用海分类指南（试行）》规定，草地是生长草本植物为主的土地，包括乔木郁闭度＜0.1的疏林草地、灌木覆盖度＜40%的灌丛草地，不包括生长草本植物的湿地、盐碱地。

3 什么是草山草坡？

草山草坡是草原、草地的组成部分，主要指我国南方地区的各种类型的山丘天然草地。

湖南临武西山林场的草山

湖南郴州仰天湖草原

 什么是草原资源？

　　草原资源是草原生态系统的资源属性总称，包括生态系统内的植物、动物、微生物等生物资源和水、热、光照、大气、土地等非生物资源。草原资源是具有数量、质量、空间结构特征，有一定面积分布，有生产能力和多种功能，主要用作畜牧业生产资料的一种自然资源。

5 什么是基本草原？

《草原法》规定：国家实行基本草原保护制度。下列草原应当划为基本草原，实施严格管理。包括：重要放牧场；割草地；用于畜牧业生产的人工草地、退耕还草地以及改良草地、草种基地；对调节气候、涵养水源、保持水土、防风固沙具有特殊作用的草原；作为国家重点保护野生动植物生存环境的草原；草原科研、教学试验基地；国务院规定应当划为基本草原的其他草原。

内蒙古锡林郭勒草原

世界草原有多少?

　　世界土地面积约 130 亿公顷,其中草原约 31.96 亿公顷,占世界陆地面积的 24.5%。亚洲的草原面积最大,约为 10.78 亿公顷,占世界草地面积的 33.7%。

世界各大洲永久性草地和牧场面积情况

序号	地区	土地面积 (千公顷)	永久性草地和牧场 (千公顷)	永久性草地和牧场占土地 面积的比例(%)
1	世界	13030087.28	3196029.68	24.53
2	亚洲	3110576.34	1077881.76	34.65
3	非洲	2990310.79	842870.15	28.19
4	美洲	3866091.60	759561.87	19.65
5	大洋洲	849607.80	341922.97	40.24
6	欧洲	2213500.75	173792.92	7.85

数据来源:联合国粮食及农业组织(FAO)网站统计数据(http://www.fao.org/home/),数据更新至2019年。

 我国草原有多少?

　　第三次全国国土调查结果显示,我国草地面积 39.68 亿亩。其中,天然牧草地 31.98 亿亩,占 80.59%;人工牧草地 0.087 亿亩,占 0.22%;其他草地 7.61 亿亩,占 19.19%。

　　20 世纪 80 年代全国第一次草地资源调查结果显示,我国草原面积近 60 亿亩,约占国土面积的 41.7%。

林芝鲁朗草原

我国草原主要分布在哪里？

　　我国各省（自治区、直辖市）均有草原分布。大范围集中连片的草原主要分布于我国青藏高原区和北方干旱半干旱区。我国草原面积较大的前 6 个省（自治区），分别是西藏、内蒙古、新疆、青海、四川和甘肃。

　　我国有 268 个牧区、半牧区县（旗），分布在全国 13 个草原重点省份，是我国草原主要分布区。

我国牧区、半牧区县（旗）统计情况

地区	牧区、半牧区县（旗）		
	合计（个）	牧区县（个）	半牧区县（个）
全国	268	108	160
河北	6	0	6
山西	1	0	1

（续）

地区	牧区、半牧区县（旗）		
	合计（个）	牧区县（个）	半牧区县（个）
内蒙古	53	25	28
辽宁	6	0	6
吉林	8	0	8
黑龙江	15	1	14
四川	48	15	33
云南	3	0	3
西藏	38	14	24
甘肃	20	8	12
青海	30	26	4
宁夏	3	1	2
新疆	37	18	19

9 我国草原如何分类？

　　根据我国草地资源调查的分类原则，将我国草地划分为18个类53个组824个草地类型。其中，18个类分别是高寒草甸类、温性草原类、高寒草原类、温性荒漠类、低地草甸类、温性荒漠草原类、山地草甸类、热性灌草丛类、温性草甸草原类、热性草丛类、暖性灌草丛类、温性草原化荒漠类、高寒荒漠草原类、高寒草甸草原类、暖性草丛类、高寒荒漠类、沼泽类和干热稀树灌草丛类。

　　在《中国草地资源》分类基础上，《全国草原监测评价工作手册》（2022年）将全国草原划分为草原、草甸、荒漠、灌草丛、稀树草原、人工草地6个类组19个类824个型。

草原类组、草原类划分

类组		类	
序号	名称	序号	名称
I	草原	1	温性草甸草原
		2	温性典型草原
		3	温性荒漠草原
		4	高寒草甸草原
		5	高寒典型草原
		6	高寒荒漠草原
II	草甸	7	高寒草甸
		8	低地草甸
		9	山地草甸
III	荒漠	10	温性荒漠
		11	温性草原化荒漠
		12	高寒荒漠
IV	灌草丛	13	暖性草丛
		14	暖性灌草丛
		15	热性草丛
		16	热性灌草丛
V	稀树草原	17	温性稀树草原
		18	干热稀树草原
VI	人工草地	19	人工草地

温性草甸草原类：发育于温带，湿润度（伊万诺夫湿润度，下同）0.6~1.0，年降水量 350~500 毫米的半湿润地区，由多年生中旱生草本植物为主，并有较多旱中生植物参与组成的草原类型。

温性典型草原类：发育于温带，湿润度 0.3~0.6，年降水量 250~400 毫米的半干旱地区，由多年生旱生草本植物为主组成的草原类型。

温性荒漠草原类：发育于温带，湿润度 0.13~0.3，年降水量 150~300 毫米的干旱地区，以多年生旱生丛生小禾草草原成分为主，并有一定数量旱生和强旱生小半灌木、半灌木荒漠成分参与组成的草原类型。

温性草甸草原

高寒草甸草原类：发育于高山（或高原）亚寒带、寒带，湿润度 0.6~1.0，年降水量 300~400 毫米的寒冷半湿润地区，由耐寒的多年生旱中生或中旱生草本植物为主组成的草原类型。

高寒典型草原类：发育于高山（或高原）亚寒带、寒带，湿润度 0.3~0.6，年降水量 200~350 毫米的寒冷半干旱地区，由耐寒的多年生、旱生丛生禾草或旱生半灌木为优势种组成的草原类型。

高寒荒漠草原类：发育于高山（或高原）亚寒带、寒带，湿润度 0.13~0.3，年降水量 100~200 毫米的寒冷干旱地区，由强旱生、丛生小禾草为主，有强旱生小半灌木参与组成的草原类型。

高寒草甸类：发育于高山（或高原）亚寒带、寒带，湿润度＞1.0，年降水量＞400毫米的寒冷湿润地区，由耐寒、多年生中生草本植物为优势种，或有中生高寒灌丛参与组成的草原类型。

高寒草甸草原

低地草甸类：发育于温带、亚热带、热带的河漫滩、海岸滩涂、湖盆边缘、丘间低地、谷地、冲积扇缘等地形部位，地下水位＜0.5米，排水不良或有短期积水，主要受地表径流或地下水影响而形成的隐域性草地，以多年生湿中生或中生草本为优势种组成的草原类型。

山地草甸类：发育于在湿润度＞1.0，年降水量＞500毫米的湿性山地地区，以多年生中生草本植物为优势种的草原类型。

温性荒漠类：发育于温带，湿润度＜0.1，年降水量＜100毫米的极干旱地区，以超旱生灌木和半灌木为优势种，一年生植物较发育的草原类型。

温性草原化荒漠类：发育于温带，湿润度0.10~0.13，年降水量100~150毫米的强干旱地区，以强旱生半灌木和灌木荒漠成分

高寒草甸

为主，又有一定旱生草本或半灌木草原成分参与组成的草原类型。

高寒荒漠类：发育于高山（或高原）亚寒带和寒带，湿润度
0.13~0.3，年降水量 100~200 毫米的寒冷干旱地区，以强旱生、丛
生小禾草为主，有强旱生小半灌木参与组成的草原类型。

暖性草丛类：发育于暖温带（或山地暖温带），湿润度＞1.0，
年降水量＞600 毫米的森林区，森林破坏后，以次生喜暖的多年生
中生或旱中生草本植物为优势种，植被基本稳定的草原类型。其间
散生有少量喜光乔、灌木，其乔木郁闭度、灌木覆盖度之和＜0.1。

暖性灌草丛

暖性灌草丛类：发育于暖温带（或山地暖温带），湿润度＞1.0，年降水量＞600毫米的森林区，森林破坏后，以次生喜暖的多年生中生或旱中生草本植物为主，并保留有一定数量原有植被中的乔、灌木，植被相对稳定的草原类型，其灌木覆盖度为0.1~0.4或乔木郁闭度、灌木覆盖度之和为0.1~0.3。

热性草丛类：发育于亚热带、热带，湿润度＞1.0，年降水量＞700毫米的森林区，森林破坏后，以次生热性多年生中生或旱中生草本植物为优势种，其间散生少量喜光乔、灌木，植被基本稳定的草原类型，其乔木郁闭度、灌木覆盖度之和＜0.1。

热性灌草丛类：发育于亚热带和热带，湿润度＞1.0，年降水量＞700毫米的森林区，森林被破坏后，由次生热性多年生中生或旱中生草本植物为主，并保留有一定数量原有植被中的乔、灌木，植被相对稳定的草原类型，其灌木覆盖度为0.1~0.4或乔木郁闭度、灌木覆盖度之和为0.1~0.3。

热性草丛

　　温性稀树草原类: 发育于温带,在干旱半干旱地区,以旱中生、多年草本植物为优势种,其间散生有少量乔木和灌木,植被稳定的草原类型,其乔木郁闭度、灌木覆盖度之和＜0.4。

　　干热稀树草原类: 发育于干燥的热带和极端干热的亚热带河谷底部,雨季湿润度＞1.0,旱季少雨、干燥,湿润度0.7~1.0,年降水量＞700毫米,蒸发量是降水量的3~4倍,森林破坏后,以次生旱中生、多年生草本植物为优势种,其间散生少量喜光乔木和灌木,植被很稳定的草原类型,其乔木郁闭度、灌木盖度之和＜0.4。

干热稀树草原

　　人工草地: 优势种由人为栽培形成,且自然生长植物的生物量和覆盖度占比＜50%的草地。

10 我国草原如何分区？

　　草原分区是根据草原的发生学特点（类型、分布等）及功能特征，结合行政边界的划分，将一定范围内的草原资源进行分区，以实现合理利用、科学监管和有效保护。我国草原可划分为5个大区，即内蒙古高原草原区、西北山地盆地草原区、青藏高原草原区、东北华北平原山地丘陵草原区、南方山地丘陵草原区。

　　内蒙古高原草原区：属于欧亚温性草原区的一部分，地处蒙古高原，位于我国北部和东北部地区，涉及内蒙古、宁夏、陕西、山西、河北、辽宁、吉林和黑龙江等8省（自治区）部分市县。该区是我国北方重要的生态安全屏障，主体功能是防风固沙、保持水土。分布有呼伦贝尔和锡林郭勒草原等天然牧场，是我国重要的畜牧业基地之一。

　　西北山地盆地草原区：位于我国西北地区，涉及新疆全境及甘肃和内蒙古2省（自治区）部分市县。该区是我国西北部重要的生态安全屏障，主体功能是生物多样性保护、防风固沙和水源涵养，对于维护边疆稳定和生态安全具有十分重要的意义。

　　青藏高原草原区：位于我国西南部的青藏高原，涉及西藏和青海2省（自治区）全境及甘肃、四川和云南3省部分市县。该区是我国长江、黄河、澜沧江、雅鲁藏布江等大江大河的发源地，是我国水源涵养、补给和水土保持的核心区，也是生物多样性热点保护重要区域，主体功能是水源涵养、生物多样性保护和水土保持。

　　东北华北平原山地丘陵草原区：位于我国东北和华北地区，涉及河南、北京、天津和山东4省（直辖市）全境及甘肃、宁夏、陕西、山西、河北、辽宁、吉林和黑龙江等8省（自治区）部分市县。该区主体功能是水源涵养、水土保持和防风固沙，草原植被盖度较高、天然草原品质较好、产草量较高，是草原畜牧业较为发达的地区，发展人工种草和草产品生产加工业潜力较大。

南方山地丘陵草原区：位于我国南部地区，涉及上海、江苏、浙江、安徽、福建、江西、湖南、湖北、广东、广西、海南、重庆、贵州等13省（自治区、直辖市）全境及四川和云南2省部分市县。该区主体功能是水源涵养、水土保持和生物多样性保护，水热资源丰富，草原植被生长期长，单位面积产草量较高，在防止丘陵地区山地石漠化、遏制水土流失方面发挥着重要作用。

11 我国草原如何分级？

我国草原幅员辽阔，类型多样，差别很大。按照可量化监测指标数值，规定出不同区间档次，对草原进行分级。按草原健康程度可分为健康、亚健康、不健康等；按退化程度分为重度、中度、轻度、不退化等；按草原单产高低分为高产、中产、低产等；按草

干热河谷区原生草原植被

畜关系分为严重超载、中度超载、轻度超载、基本平衡等；还可按盖度、高度等进行分级。

草原的生态功能有哪些？

　　草原被誉为地球的"皮肤"，具有涵养水源、防风固沙、保持水土、净化空气、固碳释氧，以及保护生物多样性等多重生态功能。如果把森林比作立体生态屏障，那草原就是水平生态屏障。尤其是在年降水量 400 毫米以下干旱、半干旱地区，草原生态系统是适应环境的稳定生态系统，是其他任何生态系统无法替代的。因此，草原生态功能将直接影响着我国陆地生态系统整体结构的完整性和生态功能的发挥。

草原涵养清泉

草原生态旅游

13 草原的经济功能有哪些?

草原是广大农牧民赖以生存的家园,并为他们提供了重要的生产资料和生活资料,草原民族 90% 左右的收入直接或间接来自草原。草原同时也是人们向往的旅游胜地和特有经济发展的重要基地,草原的经济属性是草原保护建设和发展的重要内容之一。草原的经济功能体现在草原畜牧业、草原生态旅游业、草原特色产业等方面。

14 草原的文化功能有哪些?

　　草原文化是由世代生息在草原上的先民、部落、民族共同创造的一种与草原自然生态相适应的文化。这种文化包括人们的生产方式、生活方式以及与之适应的民族习惯、思想观念、宗教信仰与文学艺术等。草原文化以生态文化为核心,包括民族文化、游牧文化等多种形态,与黄河文化、长江文化一样,是中华文化的三大组成部分之一。在中华文化形成和发展的历史进程中,草原文化发挥了重要的历史性作用。草原文化功能主要体现在礼俗、饮食、音乐、舞蹈、体育、绘画、艺术及宗教等各个方面。

内蒙古锡林郭勒草原上牧民逐草而居的和谐景观

02

草原
调查监测

15 什么是草原调查？

草原调查是草原管理工作的重要基础，是对草原自然属性和非自然属性的信息获取，它应用地面观测、工具测量、抽样理论、遥感监测、电算技术等手段，以查清工作范围内的草原数量、分布、结

草原调查

构、质量、物候期，以及立地质量，为制定和完善草原保护建设政策，合理调整草原规划内容，更好地保护、建立、利用和管理草原提供科学依据。

16 什么是草原监测？

草原监测是在草原调查基础上掌握草原资源动态变化、评价工程效益、估算草原灾害程度和损失、评定草原生态状况的一项手段，是做好草原日常管理的一项基础性工作。主要包括草原物候期监测、草原质量与生产力监测、草畜平衡监测、灾害监测、土壤监测、碳汇监测等。

根据新时代草原工作需要，国家林业和草原局组织开展林草生态综合监测，构建了草原监测评价体系。2021年，全国共完成草原样地 2.9 万个、样方 8.7 万个。对重点生态区域草原资源状况进行了评估，初步实现了全国草原一张图、一套数、一平台。

草地遥感监测

17 什么是草原监测评价体系？

草原监测评价体系主要任务是开展草原基况监测、草原生态评价、年度性草原动态监测、专项应急性监测等，并构建完成"八大体系"，即草原类型区划体系、数据指标体系、样地场地设施体系、技术方法体系、质量控制体系、标准规范体系、数据库和软件平台体系、组织管理体系。

草原类型区划体系： 对我国草原进行分类、分级、分区，形成符合我国草原管理特点的草原类型区划体系。

数据指标体系： 各类草原调查监测评价的指标合集，共同构成数据指标体系。

样地场地设施体系： 草原调查监测常规样地、草原固定监测点、草原生态长期定位观测站，共同构成样地场地设施体系。

草原固定监测点

技术方法体系： 不同技术方法的组合配套，构成草原调查监测的技术方法体系。

质量控制体系： 从制度机制、人员素质水平、监督检查等方面建立一套质量控制体系。

标准规范体系： 把草原调查监测评价内容任务和全过程、全要素及技术方法手段等进行书面化、成果化、规范化，形成一套技术标准，成为行业共同遵循的标准。

数据库和软件平台体系： 对不同时期、不同单位开发的数据库和平台进行优化整合协同，建立草原调查监测数据库和软件平台体系。

组织管理体系： 由国家林业和草原局统一部署，逐步建立以国家队伍为主导、地方队伍为骨干、市场队伍为补充、高校院所为技术支撑的草原调查监测组织体系。

什么是草原综合植被盖度？

草原综合植被盖度是指宏观尺度上草原植物垂直投影面积占该区域草原面积的百分比，反映草原植被的疏密程度，是定量监测评估草原生态质量状况的重要指标。

计算方法： 将同类型草原样方盖度平均，得出该类型草原的植被盖度；以某一类型草原面积占该区域草原面积的比值作为草原类型权重，把该区域所有草原类型的草原植被盖度值加权求和，得到该区域的草原综合植被盖度。将各省（自治区、直辖市）的草原综合植被盖度加权求和，得到全国草原综合植被盖度。

19 什么是草原覆盖率？

草原覆盖率是指草原植被盖度 ≥ 20% 的草原面积占国土面积的百分比。

$$草原覆盖率 = \frac{植被盖度 \geq 20\% 的草原面积}{国土总面积} \times 100\%$$

20 什么是林草覆盖率？

以行政区域为单位，森林、草原等郁闭度或盖度高于一定比例（≥ 20%）的林草植被面积之和与区域国土面积的百分比。

森林和草原相依

21 什么是草班？

草班是为了便于草原经营管理，合理组织草业生产，开展草原保护修复利用而规定的长期的、固定的草原经营管理单元，是村级行政界线和管理区界线之下划分的相对稳定的区划单元，内部细分为小班。

22 什么是草原小班？

草原小班，可简称为小班。小班是草班内草原地块内部特征基本一致，与相邻地段有明显区别，而需要采取相同经营管理措施的封闭区域。小班是草原资源调查、监测、统计和经营管理的最小单元。若干个小班组成草班。

23 什么是羊单位？

《天然草地合理载畜量的计算》（NY/T 635—2015）规定，羊单位是指一只体重45千克、日消耗1.8千克标准干草的成年绵羊，或与此相当的其他家畜。一般认为，1头牛＝5个羊单位，

1 匹马 = 6 个羊单位，1 头驴 = 3 个羊单位，1 头骡 = 5 个羊单位，1 头骆驼 = 7 个羊单位。

杜泊羊

24 什么是草地载畜量?

草地载畜量是指一定的草地面积，在一定的利用时间内，所承载饲养家畜的数量。草地载畜量可区分为合理载畜量和现存载畜量。合理承载量是指在一定的草地面积和一定的利用时间内，在适度放牧（或割草）利用并维持草地可持续生产的条件下，满足承养家畜正常生长、繁殖、生产畜产品的需要，所能承养的家畜头数和时间。现存载畜量是指一定面积的草地，在一定的利用时间段内，实际承养的标准家畜头数。

草原上的羊群

25 草原生产力现状如何?

我国从 2005 年开始对全国天然草原产草量进行监测,2011 年以来,全国天然草原鲜草总产量连续 10 年超过 10 亿吨;2020 年超过 11 亿吨,折合干草约 34119 万吨,载畜能力约为 2.68 亿羊单位。从全国来看,年产草量居前 5 位的省(自治区)依次是内蒙古、新疆、西藏、四川、青海。

毛登牧场打草场

26 什么是草原退化?

广义的草原退化是指草原在干旱、风沙、水蚀、盐碱、内涝、地下水位变化等不利自然因素的影响下,或过度放牧不合理利用,引起草原生态恶化,草原牧草生物产量降低,品质下降,草原利用性能降低,包括草原退化、沙化、盐渍化和石漠化。

草原退化: 由于开垦、开矿、过度放牧等人为的破坏和气候等自然的原因,造成草原植被盖度、产量、结构和土壤发生逆向变化的过程。

退化的草原

草原沙化: 在沙质草原退化过程中,由于土壤侵蚀(水蚀或风蚀),表土失去细粒(粉粒、黏粒)而逐渐沙质化,导致生产力下降甚至变成荒漠或沙地的过程。

沙化的草原

草原盐渍化：常有涝水或地下水位较高的草原在退化中，土壤底层或地下水的盐碱随水分蒸发上升到地表，使盐碱积累在土壤表层的过程。

盐渍化的草原

草原石漠化：在热带、亚热带湿润、半湿润气候和岩溶极其发育的自然条件下，受人为活动干扰，草原植被遭到破坏及土壤受到严重侵蚀后，出现大面积基岩裸露的过程。

石漠化的草原

27 什么是草原退化等级？

根据草原植被和生境的发展变化程度或阶段，将退化草原划分为不同的等级。草原退化、草原沙化和草原盐渍化分为未、轻度、中度、重度等 4 个退化等级；草原石漠化分为潜在、轻度、中度和重度等 4 个退化等级。

什么是草原有毒植物?

草原上使动物发病、死亡或使动物健康发生异常的植物。有毒植物以青饲或干草的形式被家畜采食后,会妨碍家畜的正常生长发育或引起家畜的生理异常,甚至发生死亡。

我国草原有毒植物约有 49 科 152 属 731 种。其中,种类较多的有毛茛科 13 属 186 种,豆科 22 属 153 种,大戟科 11 属 59 种,瑞香科 7 属 14 种,龙胆科 7 属 100 种,菊科 11 属 40 种,茄科 7 属 22 种,罂粟科 3 属 45 种,杜鹃花科 4 属 12 种。其他如荨麻科、水麦冬科、凤尾蕨科、天南星科等有毒植物的种类较少。

有毒植物按其所含毒性物质的成分,可划分为含生物碱、含配糖体、含挥发油、含有机酸 4 类。

杜鹃花群落

含生物碱的有毒植物有小花棘豆、变异黄芪、小黄花菜、曼陀罗、洋金花、甘青赛莨菪、毒芹、野罂粟、乌头、铁棒锤、露蕊乌头、白屈菜、秦艽、龙胆、钩吻等。其中，可造成重大危害的有小花棘豆和变异黄芪。前者危害马、牛、羊，后者主要危害骆驼和羊。主要分布于内蒙古、甘肃、青海的草原化荒漠或荒漠类草地。

含配糖体类的有毒植物并易引起中毒的有泽漆、猫眼草、飞扬草、龙葵、野茄子。此外，还有洋地黄、闹羊花、大戟、麦仙翁、桔梗、侧金盏花、马醉木、杜鹃、夹竹桃、皂荚等。

含有机酸类的有毒植物主要是醉马草、狼毒、马桑等。其中，醉马草和狼毒是我国北方传统草原区最为常见的毒草，狼毒还在青藏高原的高寒草地中常见。醉马草主要危害马、骡。

含挥发油类的有毒植物分布最广，最常见的有毛茛、回回蒜。主要分布于较湿润的草甸或沼泽草地。

29 什么是草原有害植物？

草原有害植物是指该种植物在自然状态下，自身不含有毒物质，但某些器官（茎、叶、种子具芒、钩、刺等外部形态）在特定生长发育阶段可对家畜造成机械损伤，甚至导致家畜死亡的植物，或含有特殊化学物质致使家畜采食后畜产品品质降低的植物，或对草原生态环境产生不利影响的植物。

我国草原上对家畜和畜产品明显有危害的植物约有 64 种，分属于 13 科 23 属。其中，小檗科 1 属 16 种，豆科 3 属 8 种，藜科 2 属 8 种，鼠李科 1 属 1 种，胡颓子科 1 属 1 种，紫草科 4 属

8 种，茄科 1 属 4 种，茜草科 2 属 5 种，菊科 2 属 4 种，禾本科 3 属 9 种，大戟科 1 属 2 种，百合科 1 属 2 种，十字花科 1 属 1 种。

按生活型区分，草原有害植物可分为以下 3 类：

具刺灌木类：这类植物体，生长有较长的刺，放牧时，一方面影响牲畜的行走，更主要是刺能挂掉绵羊毛和山羊绒，有时还能刺伤采食的牲畜；另一方面，当这些灌木盖度增大时，妨碍其下层草本植物的利用。这类灌木主要有胡颓子科的沙棘；小檗科的豪猪刺、秦岭小檗、甘肃小檗等；豆科的鬼箭锦鸡儿、小叶锦鸡儿、柠条锦鸡儿、甘青锦鸡儿等；蒺藜科的蒺藜、白刺、唐古特白刺等；鼠李科的酸枣；茄科的枸杞、中宁枸杞、北方枸杞、黑果枸杞等，还有兔儿条等灌木。

草原有刺植物

具芒刺禾草类：籽实具有螺旋状芒，如针茅属禾草、扭黄茅。当籽粒成熟后，其芒不但能粘连在羊毛上，影响毛的品质，还能依顺其螺旋结构，刺伤羊皮，甚至穿透羊皮，刺入体内、刺伤内脏，严重时，可以致死。芒还可在家畜采食时刺伤其口腔。还有的禾草，如黄背草、菅草、苞子草等，成熟种子的颖和稃具有芒，颖稃外缘有刺，家畜采食时，刺能刺进口腔两腮、上唇内牙龈，致使家畜口腔发炎，停止进食，严重时引起口腔化脓。

具刺杂草类：这类植物的果实有钩状刺、棘刺或钩毛，果实成熟后，能附着或粘连在羊毛上，或刺入羊毛内，致使羊毛内夹杂有植物，降低羊毛品质和草地利用的经济效益。常见的有蒺藜、宽叶假鹤虱、琉璃草、倒钩琉璃草、翅鹤虱、苍耳、鬼针草、猪殃殃、北方拉拉藤等。这类杂草，多见于次生的草地植被，特别是农田附近。

30 什么是草原灾害？

草原灾害是指对草原生产、再生产过程及其生态系统的稳定性具有极大危害的环境因素、生物因素变异和人为因素干扰，给人类造成经济、生态和社会损害的现象和事件。

新疆草原上的雪灾

自然变化和人为作用是草原灾害的两大根源，草原灾害包括自然灾害、人为灾害和复合型灾害3种类型。

自然灾害：是以自然变异为主导的灾害，主要包括：气象灾害，如旱灾、雪灾、火灾、水灾、冷冻、冰雹灾害等；生物灾害，如鼠害、虫害、植物病害、有毒植物、有害生物入侵、动物疫病等。

人为灾害：是一些完全由人为因素起主导作用而造成的灾害，包括各种工业、农业、林业、畜牧业生产过程造成的环境污染、植被破坏，开垦草原植被所引发的草原沙化、退化、水土流失以及过度开采地下资源所引发的地面沉陷等。

复合型灾害：是指人为因素与环境因素交互作用下导致的灾害。其中，在自然状态下以人为影响为主因所诱发的灾害称为人为—自然灾害，如人为走火所引发的草原火灾等。而自然—人为灾害是指在人为影响发生后由自然因素诱发的灾害，如草原开垦、过度放牧导致草原沙化、退化，草原土地裸露在风力作用下所诱发的沙尘暴等。

31 什么是草原气象灾害？

草原气象灾害是草原自然灾害中最为频繁而又严重的灾害，其中主要的气象灾害有草原雪灾、草原旱灾和草原火灾3类。

草原雪灾：也称白灾，是指因为长时间大量降雪造成大范围积雪成灾的自然现象，是牧区主要的自然灾害之一。主要发生在内蒙古、西藏、新疆、青海、甘肃和四川6省（自治区）。

草原旱灾：草原地区年降水量一般均较小，地下水位多在

50~100 米，由于强烈的蒸散引起水分不平衡，造成草原旱灾。草原旱灾是草原畜牧业主要的气象灾害。

草原火灾：指在失控条件下发生发展，并给草原畜牧业生产及生态环境等带来不可预计损失的草原可燃物的燃烧行为。

草原旱灾

32 什么是草原鼠虫害？

草原鼠害是指草原上栖息的鼠类对草原所造成的危害。因草原上鼠类密度过大而使草原上鼠洞密布，形成大量次生裸土，埋压牧草，同时因鼠类啃食牧草根茎，与牲畜争食或撕咬幼崽，使草原压力过重，加剧草地退化程度，影响土壤肥力，导致草原承载牲畜能力下降。同时传播疾病，危害人类健康。

我国有老鼠 200 余种，在天然草原上常见的有 80 多种。草原上的老鼠分布有着地带性特征，主要危害种类为达乌尔黄鼠、高原鼠兔、高原鼢鼠、东北鼢鼠、大沙鼠、长爪沙鼠。随着地理、气候、土壤及植被的不同，草原上所栖息的老鼠种类也各不相同。年降水量400毫米以上的草甸草原，如内蒙古东部和新疆伊犁谷地，栖息的主要是田鼠亚科的莫氏田鼠、东方田鼠、鼹形田鼠、普通田鼠等。年降水量250~400毫米的典型草原，如内蒙古中部、黄土高原南部，栖息的主要是布氏田鼠、草原鼢鼠、达乌尔鼠兔等。年降水量250毫米以下的荒漠草原，如内蒙古西部、新疆北部，栖息的主要是耐旱的跳鼠、沙鼠和兔尾鼠。青藏高原高寒草原栖息的主要是高原鼢鼠、藏鼠兔、喜马拉雅旱獭、白尾松田鼠等。

草原鼠洞

草原虫害是草原畜牧业生产中的主要灾害之一，我国草原虫害包括十几种严重危害的草原蝗虫、草地螟及以草原毛虫等害虫为主引起的突发性灾害。主要危害种类为草原蝗虫、草原毛虫、黏虫、叶甲类和草地螟。其中，草原蝗虫整体危害较为严重，在14个省

（自治区、直辖市）和新疆生产建设兵团均有发生；草原毛虫虫害主要发生在四川、云南、甘肃和青海；黏虫虫害主要发生在吉林、四川和云南；叶甲类虫害主要发生在内蒙古、甘肃和宁夏；草地螟虫害主要发生在山西、新疆和新疆生产建设兵团。

草原蝗虫

33 草原鼠虫害防治情况如何？

据统计，2021年我国草原鼠害防治面积15290.8万亩，防治比例27.12%。经测算，通过草原鼠害防控减少鲜草经济损失约13.07亿元。2021年我国草原虫害防治面积4837.1万亩，防治比例41.18%。经测算，通过草原虫害防控减少鲜草经济损失约4.14亿元。

34 什么是草原碳汇?

草原碳汇是指草原生态系统通过植物光合作用将大气中的二氧化碳转化为碳水化合物,并以有机碳的形式固定在植物体内或土壤中,从而减少温室气体(二氧化碳)排放的过程。草原地上植被层、地下根系层和土壤层是草原最重要的 3 个碳库。我国草原生态系统的总碳储量在 300 亿～400 亿吨之间,其总碳储量占陆地生态系统总量的 30%~34%,是陆地上仅次于森林的第二大碳库。

芦苇群落碳储量巨大

35 什么是草原生物多样性?

草原生物多样性是草原生物及其环境形成的生态复合体,以及与此相关的各种生态过程的综合,包括动物、植物、微生物和它们所拥有的基因以及它们与其生存环境形成的复杂的生态系统,分为遗传多样性、物种多样性、生态系统多样性和景观多样性四个层次。

草间蘑菇

我国草原上分布有野生植物 1.5 万多种,其中已知的饲用植物有 6704 种,分属 5 个门 246 科 1545 属 6352 种 29 亚种 303 变种 13 变型及 7 品种。可作为药用、工业用、食用的常见经济植物有数百种,如:甘草、麻黄草、冬虫夏草、苁蓉、黄芪、防风、柴胡、知母、黄芩、绿绒蒿等。

草原是重要的动物资源库。在草原上生活的野生动物有 2000 多种,包括鸟类 1200 多种、兽类 400 多种、爬行类

绿绒蒿

和两栖类 500 多种，其中 40 余种属国家一级保护野生动物，30 余种属国家二级保护野生动物。此外，我国草原有放牧家畜品种 250 多个，主要有绵羊、山羊、黄牛、牦牛、马、骆驼等。

草原上的狼

36 什么是"黑土滩"？

"黑土滩"是高原高寒草甸独有的生态恶化现象，主要分布在青藏高寒草原区，因受鼠害、不合理利用、环境等因素共同作用影响，使部分草原严重退化而形成的一类大面积的或岛状的次生裸地，像"癌症"一样扩张。因原来位于草皮下的黑褐色土壤腐殖质层露出，故称"黑土滩"。

"黑土滩"形成过程是，原生植被逐步消失，取而代之的是毒杂草群落。同时，草皮融冻剥离，盖度降低、土壤裸露，土壤肥力不断降低，土壤养分丢失直至滋生盐渍化，土层变薄，退化为沙砾滩，继而成为当地"黑尘暴"的沙尘源。尤为严重的是，退化为"黑土滩"的草地上鼠洞密布，鼠类活动猖獗。

青海的"黑土滩"

03

草原
资源保护管理

37 什么是草原保护体系?

根据草原的功能定位、重要程度、保护利用强度不同,将全国草原按照生态红线及自然保护地、基本草原、其他草地、人工草地等不同空间类型,实行差别化管控措施,构建草原保护体系。

生态保护红线内草原:对自然保护地内草原,按照自然保护地、国家公园法管理规定和《自然保护区管理条例》《国家级自然公园管理办法》,以及自然公园现有的管理办法及条例严格保护管理自然保护地范围内的草原。对其他生态保护红线内草原,按生态保护红线管理办法相关规定执行。

基本草原:对具有特殊生态功能的草原、重要放牧场、打草场等区域,按照《草原法》规定,推进《基本草原保护条例》制定,严格管制征占用基本草原。

国有草场内草原:对生态脆弱、区位重要、集中连片的退化草原和荒漠化草原,制定《国有草场管理办法》保护草原,规范合理利用方式。

人工草地:对生态功能极为重要的人工草地,划入生态保护红线,按照生态保护红线管理相关规定予以严格保护。对部分生态功能重要,服务于畜牧业生产的人工草地,划入基本草原,按照基本草原保护管理的相关规定进行保护。对其他人工草地,按照《草原法》进行管理。

城镇草地(城市草坪):对一般城镇草地(城市草坪),特别是涵养水源、保持水土、美化环境等生态效益突出,及用作科研、教学实验的特殊城镇草地(城市草坪),加强管理。

其他草地:具有极其重要生态功能和科研价值的其他草地纳

入生态保护红线，按照生态保护红线管理相关规定予以严格保护，或划为基本草原，按照基本草原保护管理的相关规定进行保护。对其他草地，按照《草原法》等法律法规严格保护管理。

38 草原管护员的职责是什么？

草原管护员是基层管护草原的重要力量，是草原监理队伍的有益补充。原则上从当地农牧民、防火员、村干部等人员中选聘，要求热心草原管护工作、责任心强、身体健康、熟悉本地情况、能够胜任草原管护工作

新源县草原管护员

的成年人。自 2011 年国家实施草原生态保护补助奖励政策以来，草原管护员队伍建设取得了积极进展，在强化草原管护工作中发挥了重要作用。目前，全国已聘用草原管护员 8 万多人。

草原管护员的职责包括宣传草原法律法规和政策、监督禁牧和草畜平衡制度落实、制止和举报草原违法行为、保护草原围栏设施、报告草原火情和鼠虫害情况、掌握牧户牲畜数量和超载情况、配合开展草原生产力监测等。

39 什么是草畜平衡?

　　草畜平衡是指为保持草原生态系统良性循环，在一定区域和时间内，使草原和其他途径提供的饲草料总量与饲养牲畜所需的饲草料总量保持动态平衡。草原上家畜的多少、放牧强度的大小，都是由人对草原经济价值的追求程度所决定，因此草畜平衡的背后是人与草的平衡，需要从科学、技术、社会、经济等各个方面综合考虑。

　　《草原法》规定，国家对草原实行以草定畜、草畜平衡制度。县级以上地方人民政府草原行政主管部门应当按照国务院草原行政主管部门制定的草原载畜量标准，结合当地实际情况，定期核定草原载畜量。各级人民政府应当采取有效措施，防止超载过牧。草原承包经营者应当合理利用草原，不得超过草原行政主管部门核定的载畜量。

　　实现草畜平衡既是草原保护和利用的战略基础，又是实现生态和经济双赢的终极目标。牲畜饲养量超过核定载畜量的，草原承包经营者可以采取以下措施实现草畜平衡：

　　（1）加强人工饲草饲料基地建设。

　　（2）购买饲草饲料，增加饲草饲料供应量。

　　（3）实行舍饲圈养，减轻草原放牧压力。

　　（4）加快牲畜出栏，优化畜群结构。

　　（5）通过草原承包经营权流转增加草原承包面积。

　　（6）能够实现草畜平衡的其他措施。

什么是草原围栏？

草原围栏是草原生态建设或放牧管理的主要设施。生态建设用的草原围栏是针对超载过牧造成的中轻度退化草原，采取建设草原围栏开展封育的方式，使受损草原得到休养生息，通过自然修复力恢复草原植被。在健

草原围栏

康草原也可以开展围栏建设，实施划区轮牧、草畜平衡等草原管理措施。封育围栏建成后，要明确封育时限，封育结束后未达到要求的，可以延长封育时限。

 什么是草原禁牧休牧轮牧？

禁牧：指一定时期内禁止放牧利用，是一种对草原施行 1 年以上禁止放牧利用的措施。禁牧时限以一个植物生长周期（即 1 年）为最小时限。视禁牧后植被的恢复情况，禁牧措施可以延续若干年。

休牧：指短期禁止放牧利用，是一种在 1 年内一定时期（一般是春季返青期或秋季结籽期）对草原禁止放牧利用的措施。休牧时

间视各地草原基本情况、气候条件等有所不同，一般为 2~4 个月。

轮牧：又称划区轮牧，是根据草地生产力和家畜数量，将放牧地划分为若干分区，按计划循环放牧的方式。由放牧时间、轮牧顺序、轮牧周期、轮牧分区和轮牧单元等要素构成。

禁牧后的扎鲁特草原

42 什么是草原自然保护区？

草原自然保护区是对有代表性的草原生态系统、珍稀濒危野生动植物的天然集中分布区，有重要科研、生产、旅游等特殊保护价值所在的草原，依法划出一定面积予以特殊保护和管理的区域。

1982 年，宁夏建立的云雾山草原自然保护区为我国第一个草原自然保护区，2013 年晋升为国家级自然保护区。截至 2020 年，我国在河北、山西、内蒙古等 7 个省（自治区）共建立各级草原草甸类自然保护区 41 个，保护面积共计 165.17 万公顷。

43 什么是季节性草场？

根据不同气候、地形所形成草场的不同特点，在不同的季节进行放牧的草场。季节性草场大体分为四季、三季、二季和不分季节的全年放牧四种形式。其中，以夏秋（暖季）和冬春（冷季）的两季草场或夏季、春秋、冬季三季草场较为常见。

高原牧场

夏秋草场一般选在地势较高、较为凉爽的山地、台地、岗地，水源较为充沛。夏秋季植物生长茂盛，牧草品质较好，是畜牧抓膘增重的重要草场。

冬春草场用于冬春季放牧。冬季气候寒冷，牧草枯黄，冬季又是母畜的怀孕后期，冬春草场一般选在低凹避风向阳的地形，如沟谷、沙窝子、盆地等；要求植物枝叶保有良好，覆盖度大，如芨芨草—羊草、针茅—蒿类等；要求距居民点、割草地、饲料地较近，运输方便，附近应有水源，以便人畜饮水，必须有棚圈设备。

44 什么是草原征占用审核审批？

草原征占用审核审批是《草原法》明确规定的一种行政许可行为。包含三种情形：一是工程建设、矿藏开采等项目征收、征用、使用草原的审核；二是在草原上修建为草原保护与畜牧业生产服务的工程设施使用草原的审批；三是临时占用草原的审核。2020年国家林业和草原局发布了《草原征占用审核审批管理规范》，明确了相关程序。

45 什么是草原承包经营制度？

草原承包经营是我国农村土地承包经营制度的重要组成部分。《草原法》《中华人民共和国农村土地承包法》等规定，集体所有的草原或者依法确定给集体经济组织使用的国家所有的草原，可以由本集体经济组织内的家庭或者联户承包经营。自 20 世纪 80 年代开始，我国草原陆续实行了承包经营制度。草原承包主要有家庭承包、联户承包和其他方式承包等形式。据统计，全国已承包草原 43.08 亿亩。其中，承包到户面积 31.99 亿亩，占比约 74.3%，承包到联户 10.34 亿亩。

种草改良后的塞北草原

46 什么是草原生态保护补助奖励政策？

从 2011 年起，国家在内蒙古、新疆（含新疆生产建设兵团）、西藏、青海、四川、甘肃、宁夏和云南 8 个主要草原牧区省（自治区），建立草原生态保护补助奖励机制，实施禁牧补助、草畜平衡奖励、牧民生产资料综合补贴和牧草良种补贴等政策措施。2012年，国家将河北、山西、黑龙江、吉林和辽宁的半牧业县纳入草原生态补奖政策实施范围。第一轮草原生态补奖政策补助标准是禁牧补助每亩每年6元，草畜平衡奖励每亩每年1.5元，生产资料综合补贴每户500元，5年为一个周期。中央财政每年安排绩效考核奖励资金，对工作突出、成效显著的省（自治区）给予奖励。

2016年开始，国家实施第二轮草原生态补奖政策，国家根据草原牧区实际情况和第一轮政策执行情况进行了政策调整，适当扩大了范围，提高了标准。新政策内容包括：禁牧补助，中央财政按照每年每亩7.5元的测算标准给予禁牧补助，5年为一个补助周期。草畜平衡奖励，中央财政对履行草畜平衡义务的牧民按照每年每亩2.5元的测算标准给予草畜平衡奖励；中央财政每年安排绩效考核奖励资金，对工作突出、成效显著的省（自治区）给予资金奖励，由地方政府统筹用于草原生态保护建设和草牧业发展。

禁牧的大海草山

截至 2020 年，国家累计投入草原生态补奖资金 1700 多亿元，实施草原禁牧面积 12.06 亿亩、草畜平衡面积 26.05 亿亩，受益牧民达 1200 多万户。通过两轮补奖政策的实施，农牧民保护草原意识明显增强，草原生态得到了有效恢复，取得了显著的阶段性成效。

2021 年，国家继续实施第三轮草原生态保护补助奖励政策，全面推行草原禁牧和草畜平衡制度。第三轮政策实施总体保持政策目标、实施范围、补助标准、补助对象"四稳定"。投入中央财政资金规模和实施面积较前两轮均有所提高和扩大。

 什么是草原执法监管体系?

草原执法监管体系由构建常态化执法监督、协同处置草原违法行为、应急处置重大事项、探索开展草原资源保护工作约谈、草原资源保护宣传培训和稳定壮大基层草原执法监管力量六大体系构成。

草原执法监管体系

序号	体系名称	体系内容
1	常态化执法监督	组织开展年度草原执法专项行动，重点打击非法开垦草原、非法占用使用草原、非法采集草原野生植物，特别是因矿产开发等工程建设造成草原生态环境严重破坏的各种草原违法行为
2	协同处置草原违法行为	推进林草深度融合，调动整合林草行政执法力量，建立完善草原违法案件联合调查处置制度。建立完善的跨地区案情信息送达协助机制、跨地区有关情况调查核实协助机制、跨地区重大突发事件协同处置机制
3	应急处置重大事项	对党中央、国务院的重大决策部署，习近平总书记和中央领导同志的重要批示指示，以及各级领导批示和媒体曝光、社会关注的重大草原违法违规问题，迅速反应，建立应急联动处置重大事项工作机制
4	探索开展草原资源保护工作约谈	明确实施草原资源保护工作约谈的政策法律法规依据、约谈形式、约谈情形和对象、约谈结果处置意见等。对草原资源保护工作开展不利的同志进行约谈，指出存在问题，提出改进意见，完善草原监管机制

（续）

序号	体系名称	体系内容
5	草原资源保护宣传培训	每年组织开展草原普法宣传月活动，不断创新普法宣传方式。开展草原资源保护和执法监督培训，提升监管人员履职能力。加快建立与草原监管实际需要相适应的草原资源保护分级培训制度，对地方各级草原管理人员和草管员开展定期业务培训，提升草原监管能力和水平
6	稳定壮大基层草原执法监管力量	稳定基层草原机构和人员，理顺管理职能，有效充实草原执法监督机构人员力量，加强草原技术推广的队伍建设，提升基层草原部门的公共服务能力。加强草管员队伍建设，建立一支与草原监管实际需要相适应，牧民为主、专兼结合、管理规范、保障有力的草原管护员队伍，不断提升草原监管的精细化水平

04

草原
生态修复

什么是草原生态修复体系？

　　草原生态修复体系由生态评价体系、工程措施体系、政策保障体系、组织保障体系、物资保障体系、管理评估体系和成果管护体系构成。

　　生态评价体系：开展草原退化基况专项调查，明确草原退化面积和位置，划分退化等级，形成草原退化分布图。

　　工程措施体系：针对我国草原退化的实际情况，积极开展原生态修复工程。

　　政策保障体系：开展草原生态修复金融创新政策研究，制定鼓励社会资本开展草原生态修复的政策措施，鼓励和引导社会资本进入草原生态修复领域。

披碱草采种基地

组织保障体系：由国家林业和草原局统一部署，地方林业和草原行政主管部门负责组织实施本行政区域草原生态修复实施工作。局属调查规划单位分区指导草原生态修复并开展修复成效评价，有关科研院所承担生态修复技术支撑服务任务。

物资保障体系：建立种质资源、育种、草种生产等草种育繁推一体化体系，解决草种业的各个环节脱节、乡土草种缺乏等问题。开展科技攻关，研发适合草原地区生态修复的机械设备，建立草原生态修复机械设备研发试验推广体系。

管理评估体系：开展草原围栏、草原改良、人工种草等各项草原生态修复措施的标准规范研究，开展草原生态修复工程项目管理，开展草原生态修复工程项目督导检查工作。

成果管护体系：落实草原生态修复成果管护责任，对修复好的草原进行严格管理。加强草原监督执法力度，将草原生态修复工程项目区作为草原执法重点区域，严格落实草畜平衡和草原休牧措施，保护草原生态修复取得的成果。

 草原保护修复工程主要有哪些？

2000 年以来，党和国家高度重视草原保护建设工作，累计投入中央财政资金 2200 多亿元，实施了草原生态补奖、退牧还草、京津风沙源治理、农牧交错带已垦草原治理、退耕还林还草、西南岩溶地区石漠化综合治理、草原防火等一系列草原保护修复工程项目。

草原生态保护修复工程项目

序号	工程项目	序号	工程项目
1	天然草原植被恢复与建设工程	12	育草基金项目
2	种子基地建设工程	13	飞播牧草项目
3	草原围栏工程	14	草原监测项目
4	退牧还草工程	15	牧草保种项目
5	草原防火建设工程	16	西藏草原生态保护奖励机制试点项目
6	京津风沙源治理工程	17	草种质量安全监管项目
7	岩溶地区石漠化综合治理工程	18	南方现代草地畜牧业发展项目
8	退耕还林还草工程	19	无鼠害示范区项目
9	农牧交错带已垦草原治理工程	20	虫灾补助项目
10	游牧民定居工程	21	草原生态保护补助奖励政策
11	西藏生态安全屏障保护与建设工程		

 什么是退牧还草工程？

退牧还草是为保护和改善草原生态，采取禁牧休牧、改良、人工种草等措施，通过建设草原围栏、舍饲棚圈等草原保护基础设施，提高草原生态质量和生产力。

2002年10月，国务院西部地区开发领导小组第三次全体会议议定，要把草原保护提到议事日程上来，尽快启动退牧还草工程，加强草原保护和建设的力度，对退化草原实行休牧育草、划区轮牧、封山禁牧、舍饲圈养。

2003年，退牧还草工程正式启动时，工程主要在北方干旱、半干旱区和青藏高寒草原区的内蒙古、新疆、青海、宁夏、甘肃、四川、云南 7 个省（自治区）和新疆生产建设兵团的 96 个县实施。2004 年，国家将西藏纳入工程实施范围。2007 年，国务院批复了《全国草原保护利用总体规划》，提出退牧还草工程主要在地处北方干旱、半干旱草原区的内蒙古东部和东北西部退化草原治理区、新疆退化草原治理区、蒙陕甘宁西部退化草原治理区和地处青藏高寒草原区的青藏高原江河源退化草原治理区的内蒙古、辽宁、吉林、黑龙江、四川、云南、西藏、陕西、甘肃、青海、宁夏、新疆 12 个省（自治区）及新疆生产建设兵团，共 279 个县（旗、团场）实施。

退牧还草工程实施以来，建设内容进行了 4 次调整。2003 年，项目启动时建设内容是禁牧、休牧和轮牧，实行草场围栏。2005 年，为了加快工程区内草原植被恢复，新增了对工程区内部分重度退化草场实行补播的内容。2011 年起，国家实施了草原生态保护补助奖励政策，工程区内严重退化草原全部实行禁牧补贴，

退牧还草

传统的草原畜牧业生产方式开始转型，为了加强生产性基础设施建设，再次对退牧还草政策做了优化调整和丰富完善，增加了舍饲棚圈和人工饲草地等建设内容。目前，退牧还草工程建设内容包括围栏建设、退化草原改良、棚圈建设、人工饲草地建设、"黑土滩"治理、毒害草治理、石漠化草地治理、已垦草原治理等8项建设内容。

51 什么是退耕还林还草工程？

退耕还林还草是指从保护和改善生态状况出发，将水土流失严重的耕地，沙化、盐碱化、石漠化严重的耕地以及粮食产量低而不稳的耕地，有计划、有步骤地停止耕种，因地制宜地造林种草，恢复植被。

退耕还林还草工程是党中央、国务院在世纪之交着眼中华民族长远发展和国家生态安全作出的重大决策，是绿水青山就是金山银山理念的生动实

退耕还草

践。1999 年开始在四川、陕西、甘肃 3 省率先开展试点，拉开了中国退耕还林还草的序幕。2014 年启动实施新一轮退耕还林还草。截至 2020 年，中央财政累计投入 5353 亿元，在 25 个省（自治区、直

辖市）2435 个县实施退耕还林还草 5.22 亿亩（其中退耕地还林还草 2.13 亿亩），有 4100 万农户 1.58 亿农民直接受益，工程建设取得了巨大成效，为建设生态文明和美丽中国作出了突出贡献。

52 什么是草原免耕补播？

免耕补播是退化草原生态修复的关键技术，是指采用免耕的方法，在不破坏或少破坏草原原生植被的前提下，通过补播品质优良草种改善草场生态质量，并提高草原生产力和物种多样性的技术。与传统的需要翻耕的种草模式相比，免耕补播最大程度保护了草原原生植被不受破坏，增加了草原物种生物多样性，维护了草原生态系统的稳定性。免耕补播

免耕补播

还减少了对草原土壤的扰动，在防风固沙、保持水土等方面发挥了积极作用。

2021 年，国家林业和草原局办公室、九三学社中央办公厅联合印发通知，要求有关省（自治区）加大草原免耕补播试点的推广力度，进一步推进免耕补播科技示范试点，更好地发挥免耕补播在草原生态修复中的作用。

53 什么是种草改良?

　　人工种草和草原改良的统称，通过改善草原植被结构和生长环境治理退化草原，是草原工作的重要统计指标。

　　2021年，我国进一步加大草原修复治理投入力度，提高建设标准，扩大工程项目实施范围，完成种草改良任务4600万亩。种草改良包括以下措施:

　　围栏建设：在草原上建设围栏设施，对草原进行围封的措施。

草原围栏

　　人工种草：选择一年生或多年生草种，采取免耕、少耕或适度耕作的方式，在退化草原、裸土地、沙地、盐碱地等适宜地块上，单播、混播等多种方式种植草本植物的措施。

　　飞播种草：利用飞机作业将草种均匀撒在具有落种成草立地条件土地上的种草措施。

人工种草

草原改良：在草原上，通过实施松土、切根、施肥、压盐压碱、压沙、土壤改良、灌溉等措施，使草原原生植被和生态得到改善的措施。

人工施肥

54 什么是乡土草种？

乡土草种指原产于本地区（大到一个国家和地区，小到一个城市甚至乡镇）或通过长期引种、栽培、繁殖并证明已经非常适应本地区的气候和生态环境、生长良好的草种。具有适应性强、抗逆、耐瘠薄、养护成本低等优良特性。

内蒙古开鲁县羊草种植基地

国家林业和草原局发布的《中华人民共和国主要草种目录（2021年）》（简称《目录》），是在国务院机构改革后，国家林业和草原局首次公布主要草种目录。《目录》在牧草的基础上增加了生态修复用草、能源草、药用草等草种类型，标志着草种管理工作由侧重于牧草管理进入到全口径草种管理的新阶段。

《目录》中共收录12科72属120个草种。《目录》充分考虑沙化退化草地修复、重要饲草产业发展、城市绿化等对草种的多种需求，涵盖了牧草、生态修复用草、草坪草、观赏草、能源草、药用草等多种用途的草种类型。其中，羊草、无芒隐子草、老芒麦、垂穗披碱草、硬秆仲彬草、偃麦草、沙打旺等乡土草种在我国重点草原牧区生态修复、草牧业发展中不可或缺、应用广泛、选育水平较高。

走进草原——草原知识百问

05

草业发展

55 什么是草业?

　　以草原资源为基础,从事资源保护利用、植物生产和动物生产及其产品加工经营,获取生态、经济和社会效益的基础性产业,与农业、林业并列。草业包含前植物生产层、植物生产层、动物生产层和后生物生产层等四个生产层。可以细分为草产业、草牧业、草种业、草坪业、草产品加工业、草原文化产业、草原旅游业等。

河北草业发展基地

56 什么是现代草业体系？

草业是与农业、林业同等重要的行业。现代草业是基于生态文明建设的时代背景，以现代科技促进草业高质量发展的产业，是草原生态建设产业化、产业发展生态化的必由之路。现代草业体系包括：

草原畜牧业：利用动物的生理机能通过饲养、繁殖，将牧草和饲料等植物能转变为动物能，以获得牲畜及畜产品的生产部门。

草原畜牧业

草种业：建立健全国家草种质资源保护利用体系，加强优良乡土草种选育、扩繁和推广利用，不断提高草种自给率。完善草品种审定制度，加强草种质量监管。

饲草种植业：根据草牧业发展和当地水热资源条件，确定饲草种植发展方向，因地制宜推进饲草种植业。

青海草种繁育基地

人工饲草地

草产品加工业：积极发展草产品加工，推动我国草业形成相对完整产业链，构建兼有社会、经济、生态和文化多功能的草业产业群，提高市场竞争力。

饲草颗粒

草坪业：将草坪业作为国土绿化的重要产业来抓，强化低耗水、耐瘠薄草坪草育种和良种繁育工作，加强对草坪专用肥、专用农药及相关机械产品的研究开发，加大草坪基础理论技术研究，建立完善的草坪养护管理技术规范，制定行业标准。

草原药用植物产业：推动建立中药材生产基地，实现重要草原生中药材种植规模化、市场化，降低对天然草原生中药材的需求。挖掘民族医药文化，积极发展民族医药。应用现代生物技术手段进行快速繁殖，提高药用植物产量，满足市场需求。

草原旅游产业：在加强草原保护、保持生态系统健康稳定的情况下，充分挖掘草原资源和草原民族民俗文化优势，积极推进草原旅游产业发展，满足人民日益增长的优质生态产品的需要。

快乐小草

草原特色产业： 开发草原健康食品、能源植物、编织等具有草原特色的产品，逐步形成草原地区特色产业。

57 如何发展现代草业？

大力发展现代草业，推进草种业、草坪业、饲草种植业和草原旅游业，拓展草原特色产业，构建现代草业发展体系。

发展草坪业： 开展我国草坪植物资源系统调查，形成全国分区草坪草种推荐目录。

推进草原旅游业： 挖掘一批建设成效显著、自然风光独特的草原自然公园试点作为典型，进行宣传和推广，同时推介草原旅游精品路线、旅游产品等草原旅游资源。

推进饲草种植业：积极推动部分饲草种植工作扎实、有一定基础且成效较好的区域，纳入"十四五"林草产业示范名单，并指导示范建设工作。

大力发展草种业：指导地方利用乡土草种修复退化草原、发展草地畜牧业。强化优质乡土草种选育、扩繁和推广利用，开展乡土草种繁育基地试点建设，支持羊草、披碱草、冰草等乡土草种繁育。

羊草繁育

探索草原生态价值实现新途径：在荒漠草原、沙化草原、盐碱化草原建立草光互补光伏发电与草原生态保护修复建设试点。

谋划支持菌草技术和产业发展：支持在条件适宜地方，科学种植、大力发展菌草，充分挖掘菌草在保持水土、促进农民增收、开展国际合作等方面的积极作用。

58 什么是草牧业?

在传统草原畜牧业基础上提升的新型现代化生态草畜产业。基于可持续科学理论,集成现代科技成果与高新技术,通过科学规划、合理布局、精细管理,发展集约化、规模化、专业化的人工草地,保障现代化畜牧业生产出绿色、优质、安全的畜产品。同时,根据地区特点,发展特色种植、特色养殖,并对其他大面积的天然草原进行保护、恢复和适度利用,开展草原生态旅游,提升其生态屏障和文化服务功能,最终实现牧民收入提高,牧区生产、生活和生态全面协调发展。

西藏那曲光伏智能灌溉

林芝高山牧场

什么是草产品加工业？

草产品加工就是以天然草地或人工种植牧草为原料，经过收获、加工、检测等环节，生产出符合一定的质量标准，适合于流通的牧草产品过程。与此相关的产业即草产品加工业。

机械打捆

60 什么是草原旅游业?

草原旅游是指以草原风光、气候和少数民族的民俗、民情为旅游目标,以具有民族特色的歌舞、体育、餐饮、观赏、避暑等为主要内容的旅游活动以及为这种旅游服务的经营活动。与此相关的产业即草原旅游业,主要包括草原文化产业和草原生态旅游产业。

新疆禾木村大力发展草原旅游业

什么是草坪?

草坪由草坪草的枝条系统、根系和土壤最上层构成的整体。当它处于自然或原材料状态时一般称为草皮;在具有一定设计、建造结构和庭院、园林、公园、公共场所的美化、环境保护、运动场等使用目的时通称草坪。

清华大学校园内的绿化草坪

奥林匹克森林公园内的草坪

 什么是草坪草？

　　凡是适宜建植草坪的草本植物都可以称作草坪草。草坪草大多数是叶片质地纤细、生长低矮、具有易扩展特性的根茎型和匍匐型或具有较强分蘖能力的禾本科植物，也包括一些莎草科、豆科、旋花科等非禾本科草类。

　　根据其地理分布和对温度条件的适应性，草坪草可分为冷季型和暖季型两大类。冷季型草坪草的最适生长温度为 15~25℃，包括早熟禾属、羊茅属、黑麦草属、翦股颖属、雀麦属和碱茅属等属的草本植物。暖季型草坪草的最适生长温度为 25~35℃，主要包括狗牙根属、结缕草属、画眉草属、野牛草属、地毯草属和假俭草属等属的草本植物。

　　草坪草按用途分为游憩草坪草、观赏草坪草、运动场草坪草、交通安全草坪草和保土护坡草坪草。用于城市和园林中的草坪草主要有结缕草、野牛草、狗牙根、地毯草、钝叶草、假俭草、黑麦草、早熟禾、翦股颖、高羊茅等。

粉黛乱子草

观赏草坪草

63 什么是草坪业?

　　草坪业是草业的一个分支,指以草坪种子(草皮)生产、绿地建植、养护、管理以及草坪产品的运营为核心的产业。一般来说,草坪业由草坪建植体系、草坪产品体系、草坪服务体系及草坪科研教育体系等四大产业群构成。草坪业具有十分重要的生态、经济、社会效益和功能,是衡量现代城市和人居环境质量与文明程度的重要标志。

草坪

64　什么是国有草场？

　　国有草场是指由国有企事业单位管理和经营的一定范围的国家所有的草原。主要从事草原保护建设、草产品生产和开展放牧等利用活动。国有草场的土地、草原资源属于国家所有，管理主体受委托开展管理和经营活动，通过管护建设发挥草原的生态、经济和社会文化功能。国有草场建设以政府投资为主，并吸引多方资金参与草原保护修复和合理利用。

凤龙山草场

祥云下的山丹马场

65 什么是草原自然公园?

　　草原自然公园是指具有较为典型的草原生态系统特征,有较高的保护和合理利用示范价值,以保护草原生态和合理科学利用草原资源为主要目的,开展生态保护、生态旅游、科研监测和自然宣教等活动的特定区域。

　　草原自然公园分为国家草原自然公园和地方草原自然公园。

内蒙古敕勒川国家草原自然公园（试点）

66 如何挖掘草原红色资源？

为深入贯彻落实习近平总书记关于用好红色资源、赓续红色血脉重要论述精神，2022年，国家文物局、国家林业和草原局联合开展了"红色草原"推介活动，弘扬草原地区革命文化，推动草原地区生态保护，以绿色发展促进红色资源保护传承、以红色资源赋能草原地区高质量发展。

红色草原特指中国共产党领导草原地区各族人民进行革命、建设、改革各个历史时期的重大事件发生地和重要人物活动地，并拥有丰富的与之密切相关的红色资源的草原。

红军长征走过的草原——红原草原

 如何弘扬草原文化？

　　草原文化是中华优秀传统文化的重要组成部分，是草原游牧民族创造、发展并传承的主体文化。草原文化是一种生态文化，是一种尊重自然、保护自然、崇尚自然的文化。草原文化坚持"天人合一"，走人与自然和谐共生的道路，不仅在历史上为草原生态环境保护和资源合理利用作出重要贡献，也为推进生态文明建设提供重要理论指导。

　　一是谋划新时代草原文化发展，构建以推进草原生态文明建设、提升草原文化服务水平、健全草原文化产业体系和建设草原文化强国为主体的草原文化体系。

二是通过各种形式积极弘扬草原文化。依托草原自然公园、草原旅游景区、精品草原旅游线路、特色草原旅游小镇、最美草原旅游目的地、草原民族重要节庆、草原文化艺术节、草原音乐节及草原马拉松、骑行赛等平台，对草原生态、生产、生活及精神等方面文化进行深入挖掘、合理利用，形成草原特色产业，提升和扩大草原文化的生命力和影响力。开展"走进草原"系列宣传活动。发掘传承弘扬优秀草原文化，宣传人与自然和谐共生的思想，推广尊重自然、顺应自然、保护自然的理念。重点围绕草原自然公园建设、草原保护、草原修复等情况，宣传草原保护与合理利用知识，宣扬草原生态文化。

逐水草而居的草原民族文化

草原文化

06

草原
管理和科研

草原机械

  如何加强草原支撑保障体系建设？

一是加强组织领导。完善组织体系，切实加强组织领导，高质量完成草原治理工作任务。

二是大力推行林（草）长制。建立以林（草）长制为主体的党政领导保护发展林草资源责任体系，省、市、县、乡、村分级设立林（草）长。

三是加强基层人才队伍建设。落实生态保护修复和林业草原国家公园融合发展职责，加强人才队伍建设。进一步整合加强、稳定壮大基层草原管理和技术推广队伍，实现网格化管理，提升监督管理和公共服务能力。

四是完善资金政策制度。按照中央和地方财政事权和支出责任划分，将草原保护发展作为各级财政重点支持领域，切实加大资金投入。

五是实施科技创新战略。实行重大科技攻关"揭榜挂帅"制度。鼓励大专院校和科研机构聚焦关键技术和装备的研发推广。加强草原科技创新平台建设。加快科技创新人才培养,构建高素质人才队伍。健全国际合作体系,深化交流合作。

六是营造良好社会氛围。大力宣传习近平生态文明思想,弘扬草原优秀传统文化和红色文化,讲好草原故事,传承先进人物草原保护精神。

 草原行政管理机构是什么?

在 2018 年国务院机构改革中,中央新组建了国家林业和草原局,将草原管理职能从原农业部转到了国家林业和草原局。在原农业部草原监理中心的基础上,国家林业和草原局组建了草原管理司负责草原工作。省级林业和草原主管部门负责本省份草原工作,17 个省份设有专门的草原管理处,其他省份指定了负责草原工作的部门。各市、县一般由林业(草原)局(或自然资源局)负责草原管理工作,一些草原面积较大的地方设有草原科(股)。

 草原管理司主要职责是什么?

草原管理司内设综合管理处、行业发展处、生态修复处、资源保护处、开发利用监管处。主要职责:

（1）起草草原生态保护修复法律法规、部门规章草案，拟定相关政策、规划、标准并组织实施。

（2）负责全国草原行政执法监督工作，协调处置破坏草原重大案件。

（3）指导全国草原生态保护工作，组织实施草原生态补偿工作，负责禁牧和草畜平衡工作，指导草原休牧、轮牧工作，组织开展基本草原划定和保护工作。

（4）负责全国草原生态修复治理工作，组织实施草原生态保护修复工程，组织开展工程项目建设监督检查和效益评估。

（5）负责全国草原鼠虫病等生物灾害防治工作，组织开展退化草原治理改良、飞播种草、人工草地建设和种草绿化等工作。

（6）监督管理草原的开发利用，组织开展草原功能区划定工作，承担草原征占用审核审批工作。负责草原旅游工作。

（7）负责全国草原资源动态监测工作，组织开展草原生态状况、利用状况以及保护建设效益监测与评估。承担草原统计和草原信息化建设相关工作。

（8）负责草原改革工作，组织开展草原重大问题调研。

（9）承办国家林业和草原局交办的其他事项。

71 草原监理机构有哪些？

2018 年国务院机构改革前，全国已建立了国家、省、地、县的四级草原监理体系，县级以上草原监理机构近千个，在编执法人员近万人。机构改革后，全国草原监理体系变化较大。原农业部草原监理中心转隶至国家林业和草原局成立了草原管理司。

省一级仅有云南、四川等少数省份保留了草原监理站（局）。市（县）级草原工作机构也大幅减少，草原执法人员流失严重。据统计，市（县）级草原工作机构数量减少了约 1/2，人员减少了约 1/3。

72 什么是草原学科体系？

草原学科体系是高等教育部门根据科学分工的需要所设置的学科门类，包括草原学、牧草学、草坪学、草地保护学、草业经营学等学科，开设绿地规划与设计、草地资源学、草地生态学、草地培育学、草地保护学、草坪学、运动场草坪、草类植物育种及种子学、牧草栽培及加工、饲料品质监测、动物营养学、畜牧学等课程。

73 草原科研机构有哪些？

国家级草原科研机构主要包括中国农业科学院、中国林业科学研究院、中国热带农业科学院、中国科学院的相关研究所。具体包括中国农业科学院草原研究所、北京畜牧兽医研究所、兰州畜牧与兽医研究所；中国林业科学研究院国家林业和草原局草原研究中心；中国热带农业科学院热带作物品种资源研究所热带牧草研究中心；中国科学院地理科学与资源环境研究所、中国科学院植物研究所、西北高原生物研究所、寒区和旱区环境与工程研究所等。

　　省级草原科研机构主要有北京市农林科学院草业花卉与景观生态研究所、甘肃省草原生态研究所、广西畜牧研究所牧草研究室、贵州省草业研究所、河北省农林科学院农业资源环境研究所草业研究室、黑龙江省畜牧研究所草业科学室、黑龙江省农业科学院草业研究所、湖北省农业科学院畜牧兽医研究所牧草及草食家畜研究室、湖南省畜牧兽医研究所草业草食动物研究室、吉林省农业科学院畜牧分院草地研究所、江苏省农业科学院畜牧研究所牧草与草食动物研究室、内蒙古自治区农牧科学院草原研究所、内蒙古自治区草原勘察规划院、青海省畜牧兽医科学院草原研究所、山东省农业科学院草业技术研究中心、山西省农业科学院畜牧兽医研究所绿原草业研究发展中心、四川省草原科学研究院、西藏自治区农牧科学院畜牧兽医研究所牧草研究室、新疆维吾尔自治区畜牧科学院草业研究所、云南省草地动物科学研究院。

中国农业科学院草原研究所

74 设有草原相关专业的高校有哪些？

全国设置草业科学的高等院校约有 50 所。

设置草原草业学院的高等院校有 11 所，按成立时间先后分别是甘肃农业大学、兰州大学、新疆农业大学、南京农业大学、内蒙古农业大学、西北农林科技大学、北京林业大学、中国农业大学、青岛农业大学、山西农业大学和四川农业大学。

设置草业科学专业的高等院校主要有内蒙古农业大学、甘肃农业大学、新疆农业大学、内蒙古民族大学、青海大学、四川农业大学、贵州大学、西藏农牧学院、云南农业大学、山西农业大学、宁夏大学、西北农林科技大学、仲恺农业工程学院、南京农业大学、中国农业大学、北京林业大学、河北农业大学、黑龙江八一农垦大学、湖南农业大学、海南大学、兰州大学、新疆塔里木大学、沈阳农业大学、华南农业大学、青岛农业大学、安徽农业大学、扬州大学、吉林农业大学、东北农业大学、延边大学、福建农林大学、呼伦贝尔学院、东北师范大学、西南民族大学、沈阳农业大学、河北北方学院等。

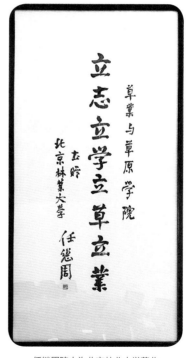

任继周院士为北京林业大学草业与草原学院成立题字

草原相关学术和行业组织有哪些?

中国草学会: 中国草学会是中国草业科学技术工作者自愿组成并依法登记成立的学术性、公益性、非营利性法人社会团体,由中国科学技术协会归口管理。中国草学会于 1979 年成立,原名中国草原学会,2002 年更名为中国草学会。学会办事机构挂靠在中国农业大学。中国草学会下设饲料生产、牧草育种、草坪、种子科学与技术、草地生态、草原火、牧草遗传资源、草地资源与利用、草地植保、草原立法研究、青年工作、草业教育等 12 个专业委员会。

中国畜牧业协会草业分会: 中国畜牧业协会草业分会于 2010 年成立。草业分会是草业及相关行业产、学、研、管相结合的全国性草业联合组织,宗旨是整合行业资源、发布行业信息、开展行业活动、规范行业行为、维护行业利益、推动行业发展,在行业中发挥管理、服务、协调、自律、监督、维权、咨询、指导等作用。

07

走进草原——草原知识百问

草原
政策法规

国家层面的草原法律法规制度有哪些?

我国草原管理工作已有 1 部法律、1 部行政法规、1 部司法解释、1 部规范性文件。加上 14 部地方性法规和 11 部地方政府规章,草原法律法规体系初步形成。

《草原法》:1985 年 6 月 18 日第六届全国人民代表大会常务委员会第十一次会议通过,自 1985 年 10 月 1 日起施行。2002 年 12 月 28 日第九届全国人民代表大会常务委员会第三十一次会议修订,自 2003 年 3 月 1 日起施行。2009 年 8 月 27 日第十一届全国人民代表大会常务委员会第十次会议、2013 年 6 月 29 日第十二届全国人民代表大会常务委员第三次会议进行两次修正。

《草原防火条例》:1993 年 10 月 5 日由中华人民共和国国务院令第 130 号公布施行。2008 年 11 月 19 日国务院第三十六次常务会议修订通过,自 2009 年 1 月 1 日起施行。本条例适用于中华人民共和国境内草原火灾的预防和扑救。但是,林区和城市市区的除外。共 6 章 49 条。

《最高人民法院关于审理破坏草原资源刑事案件应用法律若干问题的解释》:2012 年 10 月 22 日,最高人民法院审判委员会第 1558 次会议审议通过,自 2012 年 11 月 22 日起施行。草原司法解释明确了破坏草原资源犯罪行为的定罪量刑标准,实现了《草原法》与《中华人民共和国刑法》的有效衔接,为依法打击草原犯罪行为提供了新的法律武器,从根本上扭转了"破坏草原无罪"的局面。共 7 条。

《草原征占用审核审批管理规范》:2020 年 6 月 19 日国家林业和草原局以林草规〔2020〕2 号发布,自 2020 年 7 月 31 日起施行。规定了征占用审核审批的条件、办理程序、违法责任等，共 23 条。

 地方层面的草原法规制度有哪些？

2003 年《草原法》颁布实施后，内蒙古、黑龙江等省（自治区）陆续出台修订了本省（自治区）的草原管理方面法规规章共 25 部，其中地方性法规 14 部，地方政府规章 11 部。

《河北省人民代表大会常务委员会关于加强张家口承德地区草原生态建设和保护的决定》（2019 年 7 月 25 日河北省第十三届人民代表大会常务委员会第十一次会议通过）

《内蒙古自治区草原管理条例》（2004 年修正）

《内蒙古自治区森林草原防火条例》（2016 年修订）

《内蒙古自治区基本草原保护条例》（2016 年修正）

《内蒙古自治区草原管理条例实施细则》（2006 年修订）

《内蒙古自治区草原野生植物采集收购管理办法》（2018 年修正）

《内蒙古自治区草畜平衡和禁牧休牧条例》（2021 年 7 月 29 日内蒙古自治区第十三届人民代表大会常务委员会第二十七次会议通过）

《辽宁省草原管理实施办法》（2021 年修正）

《吉林省草原管理条例》（1997 年修正）

《黑龙江省草原条例》（2018 年修正）

《四川省〈中华人民共和国草原法〉实施办法》（2005 年 9 月 23 日四川省第十届人民代表大会常务委员会第十七次会议通过，

自 2006 年 1 月 1 日起施行）

《四川省草原承包办法》（2003 年修正）

《西藏自治区实施〈中华人民共和国草原法〉办法》（2015 年修正）

《西藏自治区冬虫夏草采集管理暂行办法》（2006 年 1 月 6 日西藏自治区人民政府第二次常务会议审议通过，自 2006 年 4 月 1 日起施行）

《西藏自治区冬虫夏草交易管理暂行办法》（2009 年 6 月 4 日西藏自治区人民政府第九次常务会议审议通过，自 2009 年 10 月 1 日起施行）

《陕西省实施〈中华人民共和国草原法〉办法》（2014 年修正）

《甘肃省草原条例》（2006 年 12 月 1 日甘肃省第十届人民代表大会常务委员会第二十六次会议通过，自 2007 年 3 月 1 日起施行）

《甘肃省草原禁牧办法》（2012 年 11 月 20 日甘肃省人民政府第一百一十七次常务会议通过，自 2013 年 1 月 1 日起施行）

《甘肃省草畜平衡管理办法》（2012 年 9 月 18 日甘肃省人民政府第 114 次常务会议讨论通过，自 2012 年 11 月 1 日起施行）

《甘肃省草原防火办法》（2010 年 3 月 19 日甘肃省人民政府第 53 次常务会议讨论通过，自 2010 年 5 月 1 日起施行）

《青海省实施〈中华人民共和国草原法〉办法》（2018 年修正）

《青海省草原承包办法》（2010 年修正）

《青海省草原承包经营权流转办法》（2020 年修订）

《宁夏回族自治区草原管理条例》（2005 年修订）

《新疆维吾尔自治区实施〈中华人民共和国草原法〉办法》（2011 年 7 月 29 日新疆维吾尔自治区第十一届人民代表大会常务委员会第三十次会议通过，自 2011 年 10 月 1 日起施行）

《草原法》规定的主要制度有哪些?

　　《草原法》共 9 章 75 条。包括总则、草原权属、规划、建设、利用、保护、监督检查、法律责任和附则等方面。《草原法》规定的主要制度有草原承包经营制度、草原保护建设利用规划制度、草原调查监测制度、草原统计制度、草原征占用审核审批制度、基本草原保护制度、草畜平衡制度、禁牧休牧制度等。

79 21世纪以来国家关于草原方面的文件主要有哪些?

　　进入 21 世纪，草原作为维护国家生态安全的重要屏障，也得到了越来越多的重视。我国草原政策和法律不断完善、草原投入大幅增加。

　　2002 年 9 月，国务院印发了《国务院关于加强草原保护与建设的若干意见》（国发〔2002〕19 号）。这是新中国成立以来第一个专门针对草原工作出台的政策性文件，是进入 21 世纪国家草原宏观政策的集中体现，是指导新世纪草原保护与建设工作的纲领性文件。

　　2011 年 6 月，针对我国草原牧区经济社会发展相对滞后、草原退化形势严峻等突出问题，国务院印发了《关于促进牧区又好又快发展的若干意见》（国发〔2011〕17 号），强调"草原既是牧业发展重要的生产资料，又承载着重要的生态功能"，提出了"牧区发展必须树立生产生态有机结合、生态优先"的基本方针，并对加强草原保护建设提出了一系列明确要求。

2021 年 3 月，为适应生态文明建设的需要，国务院办公厅印发了《关于加强草原保护修复的若干意见》（国办发〔2021〕7 号），提出了新时代草原工作的目标任务和措施。

新时代草原顶层设计工作有哪些？

发布《国务院办公厅关于加强草原保护修复的若干意见》（国办发〔2021〕7 号），提出了加强草原保护修复的指导思想、工作原则、主要目标和具体措施。

编制《"十四五"林业草原保护发展规划纲要（2021—2025 年）》和《全国草原保护修复和草业发展规划（2021—2035 年）》，谋划未来草原草业发展方向。

开展《草原法》修改，聚焦《草原法》实施过程中的突出问题，广泛听取基层干部群众的意见建议，切实强化依法治草的制度保障。

锡林郭勒草原丘陵区景观

草原保护修复面临哪些问题？

一是草原生态系统十分脆弱。我国草原主要分布在北方干旱半干旱地区和青藏高原高寒地区，自然环境十分严酷，草原生态系统一旦遭受破坏，恢复十分困难。受人为不合理开发利用和全球气候变化的双重影响，草原生态系统退化问题仍十分突出。

沙漠地区脆弱的草原生态系统

二是草原保护与开发利用矛盾依然突出。一些地方片面强调经济发展的观念还没有根本扭转，以牺牲草原生态换取经济利益的现象还没有得到根本遏制，非法开垦草原、非法占用草原、非法采挖草原野生植物等行为屡禁不止，草原超载过牧问题还未得到根本解决。

三是草原工作基础薄弱。草原执法监管力量较弱，特别是基层草原执法监管队伍和力量不足，与承担的草原保护管理任务不相适应。草原科研力量薄弱，科技支撑能力不强。

四是草原保护修复投入严重不足。草原生态保护建设工程普遍存在建设标准低、内容单一，退化草原综合治理等一些十分迫切的建设内容尚缺乏资金支持。草种良种繁育，特别是治理退化草原急需的乡土草种繁育缺少必要投入。

加强草原保护修复有什么重大意义？

一是加强草原保护修复是维护生态安全的必然要求。我国草原主要分布在生态脆弱地区，是干旱半干旱和高海拔、高纬度高寒地区的主要植被，是长江、黄河、澜沧江等大江大河的重要水源涵养区，与森林共同构成了我国生态安全屏障的主体。加强草原保护修复，持续改善草原生态状况，不断增强草原生态功能，提高草原生态产品供给能力，对维护国家生态安全，满足人民日益增长的需要，实现建设美丽中国宏伟目标，具有重要的战略意义。

二是加强草原保护修复是促进乡村振兴的重要举措。我国草原地区既是生态屏障区和偏远边疆区，也是少数民族聚居区和低收入人口集中分布区，具有"四区"叠加的特点。草原是各民族群众世代生活的家园，是广大农牧民赖以生存的基本生产资料，更是该区域经济社会发展的重要物质基础。加强草原保护修复，是夯实草原地区产业发展根基、建设生态宜居乡村、促进农牧民增收致富、巩固脱贫攻坚成果、落实乡村振兴战略目标的重要基础。

三是加强草原保护修复是弘扬生态文化的重要途径。草原文化是中华优秀传统文化的重要组成部分，它以草原自然生态为基础，崇尚敬畏自然、尊重自然、顺应自然的理念，追求人与自然和谐共生。这些生态理念和价值追求可以为生态文明建设提供智慧与启迪，激发人们自觉保护草原的内生动力。加强草原保护修复，改善草原生态状况，对传承和弘扬优秀草原文化、增强全民生态保护意识和践行生态文明理念具有重要意义。

封育恢复的荒漠草原景观

83 加强草原保护修复的指导思想是什么？

以习近平新时代中国特色社会主义思想为指导，全面贯彻党的十九大和十九届历次全会精神，深入贯彻习近平生态文明思想，牢固树立绿水青山就是金山银山、山水林田湖草沙生命共同体的理念，坚持节约优先、保护优先、自然恢复为主的方针，以完善草原保护修复制度、推进草原治理体系和治理能力现代化为主线，加强草原保护管理，推进草原生态修复，指导草原合理利用，改善草原生态状况，推动草原地区绿色发展，为建设生态文明和美丽中国奠定重要基础。

刘家峡库区花椒林—紫花苜蓿林草复合系统

84 加强草原保护修复的工作原则是什么？

加强草原保护修复，应当遵循以下四项工作原则：

一是坚持尊重自然，保护优先。遵循和顺应生态系统演替规律和内在机理，推行草原休养生息，维护自然生态系统健康稳定。坚持宜林则林、宜草则草、林草有机结合。把保护草原生态放在更加突出的位置，全面维护和提升草原生态功能。

二是坚持系统治理，分区施策。采取综合措施全面保护、系统修复草原生态系统，同时注重因地制宜、突出重点，增强草原保护修复的系统性、针对性、长效性。

三是坚持科学利用，绿色发展。正确处理保护与利用的关系，在保护好草原生态的基础上，科学利用草原资源，促进草原地区绿色发展和农牧民增收。

四是坚持政府主导，全民参与。明确地方各级人民政府保护修复草原的主导地位，落实林（草）长制，充分发挥农牧民的主体作用，积极引导全社会参与草原保护修复。

85 加强草原保护修复的主要目标是什么？

到 2025 年，草原保护修复制度体系基本建立，草畜矛盾明显缓解，草原退化趋势得到根本遏制，草原综合植被盖度稳定在 57% 左右，草原生态状况持续改善。到 2035 年，草原保护修复制度体系更加完善，基本实现草畜平衡，退化草原得到有效治

四川巴塘格木草原

理和修复，草原综合植被盖度稳定在 60% 左右，草原生态功能和生产功能显著提升，在美丽中国建设中的作用彰显。到 21 世纪中叶，退化草原得到全面治理和修复，草原生态系统实现良性循环，形成人与自然和谐共生的新格局。

加强草原基础工作有哪些措施？

加强草原基础工作包括建立草原调查体系、健全草原监测评价体系和编制草原保护修复利用规划等3条工作措施。一是要在第三次全国国土调查基础上，适时组织开展草原资源专项调查，全面查清草原类型、权属、面积、分布、质量以及利用状况等底数，建立草原管理基本档案。二是要强化草原动态监测，及时掌握草原植被长势、草原生物灾害、水土环境、生态演替及系统健康等状况和变化规律。三是要按照因地制宜、分区施策的原则，依据国土空间规划，编制全国草原保护修复利用规划，并要求地方各级人民政府依据上一级规划，编制本行政区域草原保护修复利用规划并组织实施。

 加强草原保护工作有哪些措施？

加强草原保护工作包括加大草原保护力度和完善草原自然保护地体系2条工作措施。一是要建立基本草原保护制度，严格落实生态保护红线制度和国土空间用途管制制度，加大执法监督力度，建立健全草原执法监督责任追究制度，严格落实草原生态环境损害赔偿制度，完善落实禁牧休牧和草畜平衡制度，组织开展草畜平衡示范县建设。二是要在生态系统典型、生态服务功能突出、生态区位特殊、生物多样性丰富、自然景观和文化资源独特的草原区域，整合优化自然保护地，实行整体保护、严格管理。

仰天湖草原

88 加强草原修复工作有哪些措施？

通过国家科技计划支持草原科技创新，开展草原保护修复重大问题研究，尽快在退化草原修复治理、草类种质资源创新创制、生态系统重建、生态服务价值评估、智慧草原建设等方面取得突破，着力解决草原保护修复科技支撑能力不足问题。加强草品种选育、草种生产、退化草原植被恢复、人工草地建设、草原有害生物防治等关键技术和装备研发推广。建立健全草原保护修复技术标准体系。加强草原学科建设和高素质专业人才培养。加强草原重点实验室、长期科研基地、定位观测站、创新联盟等平台建设，构建产学研推用协调机制，提高草原科技成果转化效率。加强草原保护修复国际合作与交流，积极参与全球生态治理。

羊草育苗

 如何提高草原科学利用水平?

一是加快转变传统草原畜牧业生产方式,优化牧区、半农半牧区和农区资源配置,支持草产品加工业发展,强化农牧民培训。

二是加快推进草原确权登记颁证,加强草原承包经营管理,推进草原"三权分置",引导鼓励按照放牧系统单元实行合作经营。

三是稳妥推进国有草原资源有偿使用制度改革,合理确定实行有偿使用的国有草原范围,探索创新国有草原所有者权益的有效实现形式,建立国有草原有偿使用收益分配机制。

四是在加强草原保护、保持生态系统健康稳定的基础上,推进草原资源多功能利用，推动草原旅游业和生态康养产业发展，引导支持草原地区低收入人口通过参与草原保护修复增加收入。

丰富的草原资源

90 如何完善草原法律法规体系？

加快推动《草原法》修改，研究制定基本草原保护相关规定，推动地方性法规制定修订，健全草原保护修复制度体系。加大草原法律法规贯彻实施力度，建立健全违法举报、案件督办等机制，依法打击各类破坏草原的违法行为。完善草原行政执法与刑事司法衔接机制，依法惩治破坏草原的犯罪行为。

锡林郭勒草原

91 如何加大草原保护修复政策支持力度？

建立健全草原保护修复财政投入保障机制，加大中央财政对重点生态功能区转移支付力度。健全草原生态保护补偿机制。地方各级人民政府要把草原保护修复及相关基础设施建设纳入基本建设规划，加大投入力度，完善补助政策。探索开展草原生态价值评估和资产核算。鼓励金融机构创设适合草原特点的金融产品，强化金融支持。鼓励地方探索开展草原政策性保险试点。鼓励社会资本设立草原保护基金，参与草原保护修复。

如何加强草原管理队伍建设？

进一步整合加强、稳定壮大基层草原管理和技术推广队伍，提升监督管理和公共服务能力。重点草原地区要强化草原执法监管，加强执法人员培训，提升执法监管能力。加强草原管护员队伍建设管理，充分发挥作用。支持社会化服务组织发展，充分发挥草原专业学会、协会等社会组织在政策咨询、信息服务、科技推广、行业自律等方面作用。

川西高原毛亚大草原

93 如何加强草原工作的组织领导？

一是加强对草原保护修复工作的领导。地方各级人民政府要进一步提高认识，切实把草原保护修复工作摆在重要位置，加强组织领导，周密安排部署，确保取得实效。省级人民政府对本行政区域草原保护修复工作负总责，实行市（地、州、盟）、县（市、区、旗）人民政府目标责任制。要把草原承包经营、基本草原保护、草畜平衡、禁牧休牧等制度落实情况纳入地方各级人民政府年度目标考核，细化考核指标，压实地方责任。

二是落实部门责任。各有关部门要根据职责分工，认真做好草原保护修复相关工作。各级林业和草原主管部门要适应生态文明体制改革新形势，进一步转变职能，切实加强对草原保护修复工作的管理、服务和监督，及时研究解决重大问题。

三是引导全社会关心支持草原事业发展。深入开展草原普法宣传和科普活动，广泛宣传草原的重要生态、经济、社会和文化功能，不断增强全社会关心关爱草原和依法保护草原的意识，夯实加强草原保护修复的群众基础。充分发挥种草护草在国土绿化中的重要作用，积极动员社会组织和群众参与草原保护修复。

08

走进草原——草原知识百问

推进山水林田湖草沙系统治理

94 如何理解山水林田湖草沙是一个生命共同体？

草原是地球的"皮肤"，构成了我国陆地生态系统的主体。草在山水林田湖草沙的生命共同体中处于不可或缺的基础地位。

草原与湖泊

生态是统一的自然系统，是相互依存、紧密联系的有机链条。山水林田湖草沙等生态系统各要素，既有各自内在的结构、功能和变化规律，又与其他要素相互耦合、相互影响。治山、治水、治林、治田、治湖、治草、治沙任何一个环节的动作，都会影响到其他环节，乃至影响生态系统全局。

如果种树的只管种树，治水的只管治水，护田的只管护田，就很容易顾此失彼，生态就难免会遭到破坏。山水林田湖草沙是生命共同体的论断，强调统筹山水林田湖草沙系统治理，全方位、全地域、全过程开展生态文明建设。

生态本身就是一个有机的系统，生态治理也应该以系统思维考量、以整体观念推进，这样才能顺应生态环保的内在规律。统筹山水林田湖草沙系统治理，旨在从系统工程和全局角度寻求新的治理之道，不能头痛医头、脚痛医脚，各管一摊、相互掣肘，而是通过统筹兼顾、整体施策、多措并举，推动生态环境治理现代化。

95 如何理解草原的"四库"作用？

2022 年 3 月 30 日，习近平总书记在参加首都义务植树活动时指出，森林是"水库""钱库""粮库"，现在应该再加上一个"碳库"。森林和草原对国家生态安全具有基础性、战略性作用，林草兴则生态兴。这一论述形象地阐释了森林和草原在保障国家生态安全和经济社会可持续发展中的重要地位和作用。草原是我国面积最大的陆地生态系统，也具有重要的"水库""钱库""粮库""碳库"功能。

96 为什么说草原是"水库"？

草原是名副其实的"水库"，是我国长江、黄河、澜沧江、怒江、雅鲁藏布江、辽河、黑龙江等重要江河的水源地，黄河 80%

的水量、长江 30% 的水量、东北河流 50% 以上的水量直接来源于草原地区。草原不仅是众多江河的发源地和水源涵养区，还孕育了众多湖泊湿地，呵护着珍贵的冰川，发挥着不可或缺的水土保持功能。

草原是"水库"

97 为什么说草原是"钱库"？

草原具有把绿水青山转化为金山银山的天然优势，草原本身就是绿水青山与金山银山合二为一的有机体。通过加强草原保护修复，把草原建成绿水青山的同时，草原的生态服务价值、经济价值、社会价值和文化价值自然得到了提升。据国家林业和草原局监测，2021 年全国天然草原鲜草总产量近 6 亿吨，按照每吨 1000 元计算，价值可达 6000 亿元。据测算，我国草原单位面积畜产品产值为每公顷 770 元，全国近 40 亿亩草地每年畜牧业产值就高达 2000 多亿元。

辉腾锡勒草原

98 为什么说草原是"粮库"？

草原与耕地、水域共同为人类三大食物来源。草原养活着世界 50% 的家畜，支撑着全球 30% 的人口。我国的草原生产了全国 45% 的牛羊肉、49% 的牛奶和 75% 的羊绒，为人们提供着食品、纤维、燃料和清洁的水源。草原不仅在维护国家生态安全方面发挥着基础性、战略性作用，对于保障我国粮食安全也具有不可或缺的重要作用。

门源燕麦草

99 为什么说草原是"碳库"？

　　我国草原是仅次于森林的第二大碳库。草原生态系统碳库主要包括植被碳库和土壤有机碳库两部分。草原的碳库主要集中在土壤层中，土壤碳库约占草原生态系统碳库总量的95%。自20世纪90年代以来，国内专家学者利用不同方法对我国草原的生物量碳库和土壤碳密度进行了估算，其中草原植被碳储量在10.0亿~33.2亿吨，草原土壤碳储量在282亿~563亿吨。据方精云等测算，我国草原碳总储量占我国陆地生态系统的16.7%，中国的草原生态系统碳储量占世界草原生态系统的8%左右。由此可见，草原生态系统在应对减缓气候变化和增加碳汇方面具有重要的地位。

云南香柏场草原

100 为什么要推进林业、草原、国家公园三位一体建设？

　　林业、草原、国家公园是建设生态文明最重要的抓手和阵地，林业和草原是基础，国家公园等自然保护地是精华和集成，三者代表了国家林业和草原局的核心职能。国家林业和草原局党组站在深入贯彻落实习近平生态文明思想，认真践行绿水青山就是金山银山、山水林田湖草沙系统治理理念，科学把握生态系统内在机理和生态文明建设规律的高度，从国家立场和人民利益相统一的角度出发，提出了一系列新思路、新举措。

冬季草原风光

101 如何推进林草融合发展？

树立林业、草原、国家公园三位一体理念，按照山水林田湖草沙整体保护、系统修复、综合治理的要求，统筹推进森林草原湿地保护、荒漠化土地治理和自然保护地体系建设。转变传统观念，克服惯性思维，切实从思想上重视、感情上融入、行动上投入林草融合。构建林草一体化调查监测体系，充分发挥种草在国土绿化中的重要作用，统筹推进林草生态保护修复。研究创设林草覆盖率指标，用于考核评价各地生态建设成效。全面推行林长制，落实地方党委政府统筹抓林草工作的机制。加强干部职工林业和草原管理知识的学习培训，打造一支既懂林、又懂草的专业人才队伍。

秋天的张掖草原

102 美丽中国建设过程中草原工作的重点是什么?

按照国家林业和草原局党组林业、草原、国家公园三位一体统筹推进"1+N"工作机制,自觉将草原工作融入全局工作,配合做好国土绿化、草原类自然保护地建设、"四个系统"和生物多样性保护。完善草原工作顶层设计,持续做好《关于加强草原保护修复的若干意见》宣传贯彻落实工作,推进《草原法》修改,报批发布《全国草原保护修复和草业发展规划(2021—2035年)》。以林(草)长制为抓手,着力做好草原保护修复,推进林草综合监测、林草执法监管等工作。构建草原治理"六大体系",谋划草原保护修复工程。发挥草原多功能作用,坚持不懈推动草原高质量发展,在美丽中国建设过程中贡献草原力量。

乌拉盖草原

103 草原在乡村振兴中有什么作用?

　　加强草原保护修复是实施乡村振兴战略的重要举措。草原不仅是重要的生态屏障,也是各民族生活的家园,是农牧民赖以生存的生产资料,更是该区域经济社会发展的重要基础,对保障农牧民生产生活和促进牧区经济社会发展发挥着不可替代的重要作用。我国草原主要分布在偏远边疆区,这些地区是少数民族聚居区和贫困人口集中分布区。这些地区经济社会发展相对落后,牧民人均可支配收入不到全国农民人均水平的70%,巩固脱贫攻坚成果、维护祖国边疆团结稳定的任务十分繁重。加强草原保护修复，是夯实草原地区产业发展根基、建设生态宜居乡村、促进农牧民增收的物质基础，是增进民族团结、维护边疆稳定的必然要求，也是实施乡村振兴和区域协调发展战略的重要举措。

少数民族牧民雪天放牧

104 统筹推进林草生态治理的意义是什么？

山水林田湖草沙都是重要的生态资源，它们之间相互依存、紧密联系、缺一不可，构成了复杂的生命共同体，有效维护着地球生态系统平衡。习近平总书记多次强调，山水林田湖草沙是生命共同体，要整体保护、系统修复、综合治理；如果种树的只管种树、治水的只管治水、护田的单纯护田，很容易顾此失彼，最终造成生态的系统性破坏。这一重要论述，深刻揭示了自然生态系统各个要素协调统一、不可或缺的客观规律。

天山的森林和草原

　　长期以来，草原被视为重要的生产资料，草原生态保护修复重视不够，导致草原超载过牧，生态系统退化，成为生态文明建设的短板。2018年，国务院机构改革中，党中央决定自上而下对林业草原实行统一管理。这是推进生态文明和美丽中国建设的重大决策，是草原工作重心发生转变的重要标志，就是要把草原放到更加重要的位置，从体制机制和政策措施上采取更加有力的措施，全方位推进林草融合发展，加快补齐草原生态保护修复这块短板。